できることからはじめています

気づくこと
はじめること
つづけること
つたえること

廣瀬裕子

文藝春秋

Contents

有元くるみさん

Kurumi Arimoto

海のそばで家族と暮らすこと。

ありもと・くるみ

アパレル会社のデザイナーを経て、ご主人といっしょにホームウェアブランド「griot.」を立ち上げる。神奈川県茅ケ崎市の自宅の一角にショップをオープンし、シンプルな日常着やアジアの雑貨などを扱っている。お母さまは料理研究家の有元葉子さん。

海にむかってまっすぐつづく道。その道をすこし入った所に有元くるみさんが暮らすお宅がある。友人の紹介で見つけたという家は、築50年とは思えないモダンな造り。ここで有元さんは、ご主人とふたりのお子さんと暮らしている。

ご自宅の横には、ガレージを改造したちいさなアトリエ。ここには、有元さんがデザインしたエプロンをはじめ、外国で買いつけてきたカゴ、現地で作ってもらったリネンなどがならぶ。

日課は、こどもを学校に送りだしたあと、海の様子を見ること。波がよければ、そのまま海へ。19歳のときにはじめたサーフィンは、すでに生活の一部になっている。いまの家に決めたのも海まで5分ということが大きい。有元さん

気づくこと

だいすきな海を守りたい

の暮らしは、家族と海を中心に営まれている。有元さんが、環境のことを意識するようになったのは、サーフィンをはじめてから。

「サーフィンをはじめて毎週のように海に行くと、いろいろ見えてくるようになりました。ゴミが落ちていること、海の状態がよくない方向にいっていること……。すきな海を守りたい、そう思ったのが環境に興味を持つきっかけでした」

海へ通いだしてから、ずっとつづけていることがある。それは、ゴミを拾うこと。サーフィンをしている有元さんの友人たちの間では、当たり前のことになっている。

「海をよごしているのはゴミだけではないんですけれど、自分たちですぐできることがゴミ拾いだったので、今でもみんなでつづけています」

やっていること

素直に
やってみたい、
やってみよう、と
思ったことから
はじめています。

ぬか床を持つ

野菜をムダにしないためにお漬け物に。たくさん買ったとき、野菜の切れはしなどが出たときはぬか床へ。きゅうり、にんじん、セロリをよく漬ける。

クスリに頼らない

「風邪気味かな？」と思ってもクスリはあまり飲まない。こどももいっしょ。ショウガをスライスしてはちみつをかけ、口のなかへ。

野菜を干す

あまった野菜、大量にいただいた野菜があるときは自宅の屋根の上で天日干しに。炒め物にすると、またちがうおいしさになる。

洗剤を選ぶ

洗濯用洗剤は１日で97%、１週間で100%分解される「海へ…」。漂白には「酵素系漂白剤」。食器洗いは、原料にトウモロコシ、ココナッツを使用した「セブンスジェネレーション　食器用洗剤」を使っている。

ナチュラルコスメを使う

オーガニック原料にこだわったアグロナチュラビオリーブスのシャンプーとリンス、アントスの「はみがきレモン」、ヴェレダの「ワイルドローズモイスチャーローション」などを愛用。

海でゴミ拾いをする

海へ出かけたら、みんなでゴミ拾いを。台風のあとは、おおきなゴミが大量に浜に打ち上げられている。

家族で話す

夫婦で、家族で、環境問題について話すようにしている。長男の陸くんは、夏休みの自由研究に原子力発電について取り上げた。

つづけること

「市場へ」が習慣

日々の時間のなかで大事にしているのは、ふだんの生活をきちんとすること。それは、愛情のあふれた家庭をこどもたちに残していきたいから。

「わたしたち夫婦の姿があたたかであれば、この子たちも自然とそんな家庭を自分で作ろうと考えると思うんです。だから、わたしのいまの役目は、ごはんをちゃんと作ってみんなで食べること。家族の時間を大切にすること。毎日の暮らしをきちんとしていれば大丈夫、と考えるようになりました」

食事作りの強い味方になってくれるのが、車で15分

の所にある農協の市場。週に1度、かごを持って買い出しに出かけている。

「できるだけ、地元でとれたものを使うようにしています。新鮮だし、安いですし、市場はおすすめです。先進国のなかでも、日本は食料の自給率が低いですよね。そういうことを知ると、こどもたちの将来が心配だし、この子たちのこどもはどうなるんだろうと、もっと気になります。自給率が高い国と日本では、農家を支える姿勢がちがうんでしょうね」

　地元でとれたもの、国内で作られたものを選べば、輸送にかかる燃料も少なくて済み、農家を支えることにもなる。地産地消の点からも有元さんは「市場派」。市場に通うことで生産者の顔を知るようになった。彼らと顔見知りになることで、食材を最後までおいしく使い切ることをそれまで以上にこころがけている。

「母が〝みんなが捨ててしまうような部分が、実はおいしい〟って、よく言っていました。うちでは、野菜の切れはしも捨てないでぬか漬けにしています。こどもたちもだいすきです」

　有元さんのお母さまは、料理研究家の有元葉子さん。いいものを選んで長く使うことも、母の姿を見て学んできた。

「母からは、いろいろ教わっています。最近、教えてもらったのは、プチトマトのヘタをスープで煮出すとおいしいダシがとれること。だから、うちではプチトマトのヘタは捨てません。野菜はほとんどの部分を食べてしまうので、うちはゴミが少ないんです」

市場で買ったくだものを使ったいちごのソース。

つづけること

家族で話し合う

ご主人とは、通っていた専門学校で知り合った。こどものこと、海のゴミ問題のこと、自分の思いを素直に話すようにしている。

「主人とはよく話します。環境問題はひとりで考えていると行きづまってくるので、話を聞いてもらっています。〝できることからやればいいんだよ〟って言われて、自分には何ができるんだろうと考えるようになりました。こどもとも話をするけれど、わたしたち夫婦が話しているのをこどもたちはちゃんと聞いていて、こどもはこどもなりに考えているようです」

長男の陸君は、夏休みの自由研究にエネルギーのことを取り上げた。両親が話していることで何かを感じ、自分で調べたそう。

「こどもは、大人以上にわかっているみたいですよ。テレビを見て〝これは、おかしい〟なんて言っていますから」

家族が共有できる価値観を持つことで、協力しながらできることがある。有元さんが感じたことを夫婦で話し合い、家族で考えることで、できることが、ひとつずつふえていく。

つたえること

海のそばから発信すること

海へ通っているからこそわかることがある。ここ数年、海の様子が変わってきている。

「外から見ていても気づかないと思うんですが、年々、波がなくなってきているんです。もしかして温暖化の影響かもしれないですね。台風の被害も年を追うごとにひどくなっています。近くの海は、砂の浸食が激しく、人工的に砂を入れる工事をしているんですが、去年の台風でせっかく入れた砂が、すべて海へ流れていってしまいました」

川の上流にダムができ浜辺の様子が変わったこと、赤潮の発生など、気づいたことはブログに書くようにしている。

「〝今日の海はゴミだらけでした〟というように」

ほかにも、友人と情報交換したり、「よくない」と感じたことは反対の意思を示すようにしている。

「この場所でできることをやっていくつもりです。東京は便利だけれど、いまでは海から離れることは想像できない。わたしの暮らしは、海のそばで家族と暮らすこと。そう思っています」

これからほしいもの

エコカー　ちいさな畑

言葉の意味

◎食料自給率

国内で消費される食料が、どれだけ自国でまかなえているかを示す数値。日本は２００６年に39%になり、主要先進国の中では最も低い食料自給率。国内は北海道の食料自給率が１９５％、東京は１％。

◎地産地消

地域生産地域消費の略語。地域でとれた野菜、くだもの、水産物を食べるようにすれば、自国の農家の応援になり、輸送にかかるエネルギーの削減もできる。

根本きこさん
Kiko Nemoto

食べ物も
こどもも
環境も、
やっぱり自然がいい。

ねもと・きこ

フードコーディネーター。神奈川県逗子市でカフェ「coya」と雑貨店「oku」をご主人と営む。著書に『いそげ、早く、私はペコペコ!』(主婦と生活社)、『子どもと暮らす』(メディアファクトリー)など。
http://coya.jp/

根本きこさんがご主人と営むカフェ「coya」は、風が吹きぬけ、大きな空が広がる川沿いにある。お店のオープンは2003年。はじめは、夜だけの営業だった。「coya」オープン当時、根本さんはフードコーディネーターの仕事をしながらお店に立つ、そんな日々を送っていた。仕事の合間に時間を見つけては旅行に出かけ、夏は海の家のお手つだい、と忙しい毎日。そんな暮らしを変えたのは、こどもが産まれてから。いまでは、お店をご主人にまかせ、フードコーディネーターの撮影の仕事は週2日のみにして、あとの時間はできるだけこどもとすごしている。

気づくこと

宅配でとどく野菜と情報

「coya」で使う野菜は、宅配でとどく。お店をはじめるとき、知り合いから紹介してもらった。

「知人の家で食べた野菜がおいしかったので、どこで買っているのか聞いたら、無農薬野菜の宅配でした。それからずっと、うちでもその野菜をお願いしています」

根本さんは地元でとれる食材も使うようにしている。大根やカリフラワーがおいしい季節は、近くの市場へ。魚は、車で30分ほどの漁港脇にあるお店へ。調味料も原料を厳選してきちんと造られた醤油、みりん、お酢を選んでいる。トマトケチャップとオイスターソースは手作り。

「実家の母が手作り派なんです。出汁《だし》醤油を作ったり、砕いたお餅を干して揚げ餅にしたり、そういう姿を見て育ったので、わたしも

できるものは作るようにしています」

お店へ来てくれる人を思い、こころをこめて作っているごはんやお菓子。以前から「食」を大事にしていたけれど、こどもが産まれてから一層、食べること、食材に気を配るようになった。

「食べ物に気をつかっている人は、おのずと環境に目がいくようになりますよね。自然な流れで環境のことも気にとめるようになりました」

情報源のひとつになっているのが、宅配される野菜といっしょにとどくチラシ。根本さんが、食料の輸送にかかるエネルギー「フードマイレージ」のことを知ったのも、そのチラシを通してだという。

「子育てに時間を取られていると、情報がなかなかはいってこないので、そのチラシで知ることがたくさんあります。地元のものを食べるほうがCO_2の削減につながることもチラシで知ったんですよ」

まわりを見回し、輸入品の多さにも改めておどろいた。それからは、地元のものでまかなえないときは、できるだけ日本に近い国からの輸入品を選んでいる。

「バナナを買うときは、フィリピンより台湾のほうが近いので、台湾のものにしています。ちいさなことなんですけどね」

（右上）こどものおやつは玄米のポン焼き、干しいも、ドライフルーツ。（左上）coyaで扱うオーガニック食材。（右下）お手製のトマトケチャップ、オイスターソース、エシャロットの酢漬け、アンチョビ。（左下）お味噌も手造り。

根本さんの食べ物を選ぶ目はきびしい。商品のラベルをじっくり見て、よくわからないものが使われている場合は買わないことにしている。「ｃｏｙａ」で出すものも、ずっとそうしてきた。

「ｃｏｙａのアイスクリームは、乳化剤を使っていないものにしているんです。そのほうがおいしいし、安心して食べられるので。那須に住んでいる友人が作っているもので、あまみには甜菜糖《てんさいとう》を使っています」

　食べ物に見なれないものが使われているときは、自分で調べてみる。「ｃｏｙａ」のキッチンにも、自宅のキッチンにも、根本さんが納得したものだけがやってくる。

できるだけ、自然に

「1日の予定は、なにも決めないようにしています。やっていることは、日々、おなじなんですけどね」

　根本さんは、きっちりスケジュールを決めてしまうのが苦手だそう。朝、ごはんを作って、そうじをして、こどもと海へ散歩に行って……。そんな毎日。以前は、海の家を手つだっていたこともあり、夏の海の様子だけは知っていた。こどもといっしょに散歩するようになり、四季それぞれの海を見るようになった。

「夏の海は、ほんとうによごれているんです。でも、時間が経つときれいになる。海の浄化の力はすごいですね。こどもと行くようになって、この海の姿を残していきたいと思うようになりました」

　長男の哩来《りく》くんは、助産院で産んだ。できるだけ自然に、という思いは、暮らし方も、子育ても変わらない。

「なるべくクスリに頼らないようにしています。風邪気味だったら梅肉エキスを溶かしたものを飲ますようにしたり、ホメオパシーのレメディを使ったり。食べ物も、こどもも、環境も、自然がいいと思っています」

やっていること

少しずつなんですけど、変えられるところからやっています。

電球を電球型蛍光灯へ

白熱灯と蛍光灯の消費電力のちがいを知り、自宅の電球を蛍光灯に変更。毎日のことなので、かなりの節電に。このタイプだと、電球の寿命も6倍になるそう。

リユースする

自分が着ていたお気に入りの服をリメイクして、こども服に。着心地もいいうえ、愛情もたっぷり。

いいものを使いつづける

ル・クルーゼのお鍋は6年もの。定番のいいものを選び、長く使うようにしている。

お手ふきを布に

coyaの洗面所にあるお手ふきは、使い捨ての紙から布に。手間はかかるけれど、何度も使え、ゴミも出ない。

1本でまかなう

洗顔、洗髪、入浴などに使うのは「マジックソープ」。オリーブ油、ヤシ油をベースにし、原料にしているすべてのオイルが100%オーガニックの天然ソープ。

ヘチマを使う

ヘチマを食器洗いなどに使用。自然素材の上、食器の汚れもよく落ちる。

5本指ソックスをはく

血行がよくなると言われている5本指ソックスを愛用。寒い日でも、あたたかくすごせる。オーガニックのものにしているので、作る過程でも環境に負荷が少ない。

つたえること

自分たちでやればいい

「coya」で映画『六ヶ所村ラプソディー』を上映したのは、2007年の冬のこと。この日、30人ほどの人が集まり、監督の鎌仲ひとみさんをかこみ映画を見た。根本さんは、以前からこの映画を見たいと思っていた。

「でも、こどもがいるのでなかなか映画館に行けなくて。それならお店で上映会をして、みんなで見ればいいんだと思いついたんです」

　自分たちがいいと思うものを提供することで、その場に来た人が何かを感じ、その思いが別の形で広がっていくかもしれない。そんな期待もあった。

「やってよかったなあとしみじみ思いました。やりたいことをしていくのが、自分たちでお店をつづけている意味でもありますから」

　その日、集まった人は、映画を通して多くのことを知った。人と人、思いと思いが、「coya」を通してつながった夜だった。

これからほしいもの

生ゴミコンプレッサー
ソーラーパネル

言葉の意味

◎フードマイレージ
食料の輸送にかかる距離のこと。距離が遠ければフードマイレージはおおきくなり、地産地消にすることでちいさくなる。日本は世界でも群を抜いてフードマイレージがおおきな国になっている。

◎CO_2削減
食料の輸送にかかるエネルギーを消費するときに出るCO_2のこと。輸送のエネルギーが少なければCO_2の排出量も少ない。食べ物のほかにも消費電力を少なくする、車を使わないなど、CO_2削減は、さまざまな場面でできる。

◎ホメオパシー
ドイツ人、ハーネマンが考え出した代替療法のひとつ。病気や体調不良の原因となっているものと同じ物質を薄めて使うことで、症状が緩和されると考えられている。長期的に1種類を処方する「クラシカル」と症状に合わせて処方する「プラクティカル」の2派がある。

◎レメディ
ホメオパシーで処方されるちいさな砂糖粒状のもの。原料になるのは、鉱物、動物、植物などで、種類は2000種類にも及ぶ。そのなかで常用されているのは40種類ほど。

平澤まりこさん

Mariko Hirasawa

仕事を通じてつながること。暮らしのなかでできること。

ひらさわ・まりこ
セツ・モードセミナー卒業後、イラストレーターに。暮らしにかかわるものや身近なことを絵と文で表現する。著書に『1カ月のパリジェンヌ』(主婦と生活社)、『ずっとこんなのほしかった。』(集英社)など。
http://www.hirasawamariko.com/

HM

「仕事柄、うちには毎日たくさんの封筒がとどきます。それを捨ててしまうのがもったいなくてストックしているのですが、こんなふうにスタンプを使って、使用済みの封筒に手を加えているんです」

　ひかりがたっぷり入る部屋で、平澤まりこさんは時間を見つけてリユースする封筒作りをしている。仕事の関係で毎日たくさんの封筒が行き交う。捨ててしまえばゴミになるものも工夫すれば再利用できる。平澤さんは一度使われた封筒にひと手間かけ、ふたたび使えるようにしている。

「リユースするときに気をつけているのは、受けとった人に、うれしいと思ってもらえるものにすること。送るほうも受けとる人も、たのしめるからつづけられるんです」

封筒の作り方

いつでも作れるように材料、道具は手のとどくところへ。
スタンプ、テープは、かわいいものをそろえ、
紙の切れはしもストックしておく。

1

使用済み封筒の余分なところを切り取る。

2

すきな色のテープを使って、封筒の形にする。

3

Re useのスタンプを押す。

4

バランスを見ながら、テープを貼ったり、模様のかわいい紙の切れはしを貼りつけ、仕上げる。

気づくこと

毎日のなかでできること

平澤さんが、日々こころがけているのは、できるだけ手作りのごはんを食べること。安心できる食材を使うこと。環境に負担をかけないものを選ぶこと。ムリをしない範囲で、自分のできることをしている。

「母が食べ物に気をつけていたので、オーガニックのものはこどものころから身近にありました。食べ物だけでなく、シャンプーにしても、化粧品にしても、たとえば、ナチュラルなものがいいということを教えてくれたのも母です。いまもそうですが、ずいぶん前から自然のものを使っています」

当たり前に使っていたものが、実は選ばれたものだったと気づいたのは、大人になってから。最近は以前にもまして、いろいろなもの、いろいろなことに感謝するようになった。

(右上) オーガニックのお店で見つけた「木のひげ」のクッキーやいちじくのドライフルーツをおやつに。(左上) ろ過材に石やサンゴを使っている浄水器。洗うと野菜もシャキッとする。(右下) フランスの古い木材を使ったダイニングテーブル。(左下) 廃材で作られたチェストの上には、南の島で拾った貝殻を。

「食べ物をムダにしたくないと思うのは、それを作る人、そして自然に対してありがたいと思うから。素材をひとつひとつ大事に思うことも、豊かな食生活につながると気づきました。欠けた器を金継《きんつ》ぎする、古くなった布を使ってナベつかみを作る、というように、ものに対しても最後まで使いきることを考えています」

当たり前だと思っていることでも、立ち止まって見つめると実は恵まれていることがわかるという。

「気づくって、ほんとうに大切ですね」

やっていること

自分と近いところから はじめる。 そんなふうにやっています。

リサイクル製品を選ぶ

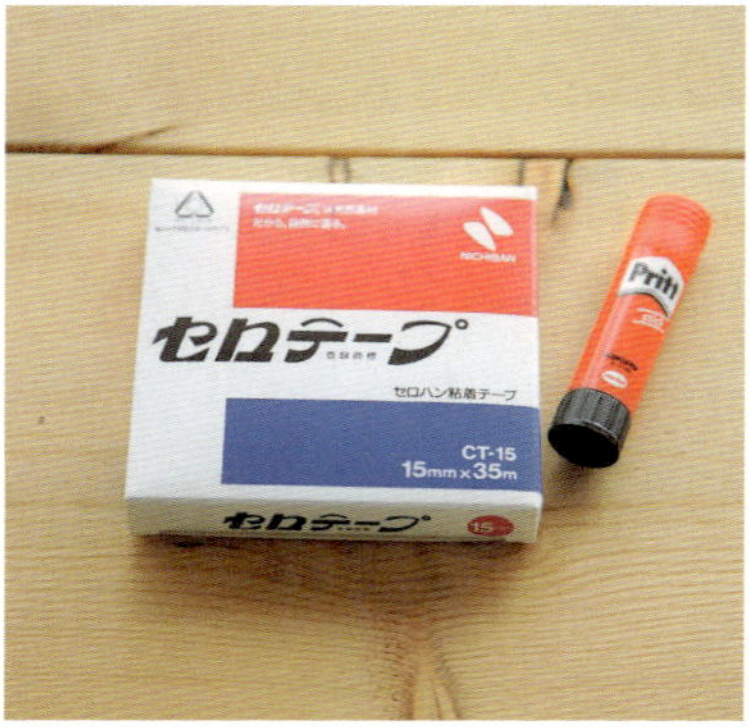

仕事柄よく使うノリやテープなどの消耗品は、リサイクルマークがついているものに。

なるべく洗剤を使わない

洗剤の使用を少なくするため、スポンジを用途別に使い分けるようにしている。ブラシだけで充分なときも。

ナチュラルコスメを使う

身のまわりにあるものも、可能な限り環境と体にいいものを。シナリーの化粧水「シノワーズR²」、イソップのリップ「チューブローズ リップヒール」、ヘアオイルとしてニュクスの「プロディジュー オイル」を使う。歯磨き粉はフランスで買ってきたもの。

保存食を作る

自分で作れば、おいしく安全なものになる。南高梅の大きな梅と鹿児島の焼酎、そして糖分は精製していない洗双糖を使った。

ちがう役割を見つける

使い終わったものは、別の使い道を見つける。かわいい空きビンはとっておき、植物をかざったり、お茶の葉をいれたり。

廃材を使う

仕事用の机は、友人からゆずり受けたもの。建材の残りを使い、大工さんでもある友人のお父さんが作った。引っ越しの度にネジをはずし、分解したり、組み立てたり。

長く使う

古いもの、愛着のあるものを、長く使う。ソファーにかかったキルトは、お祖母さまの手作り。以前、家族が着ていた服やシーツなどをキルトにリメイクしたもの。

仕事を通して世界とつながる

平澤さんの意識が大きく変わったのは、2006年に出版された『世界から貧しさをなくす30の方法』という本の仕事をしてから。平澤さんはこの本のイラストを描くため原稿を読み進めるうち、いままで知っていた以上にさまざまなことが、世界を取りまいていることに気づいた。

「わかったつもりでいたことがちがっていたり、正しいと思っていたことが混乱の原因になっていたり。フェアトレードのことも自分でも調べて、わかっていたつもりでした。けれど、現実は、もっときびしかった……」

本当の豊かさとはなんだろう。自分にできることはなんだろう。そんなふうに考えるようになる。

「いまのわたしたちの暮らしが、世界の貧困の原因を作り出しているという現実を知り、とまどいました」

それから平澤さんは、自分だけがしあわせになればいい、という考え方はちがうと思いはじめる。日常の暮らしのなかでは自分のできることを、仕事を通しては自分の力を生かして大切なことを、みんなにつたえていきたいと思うようになった。

つたえること
自分の力を役立てたい

「いままでとちがうことを突然はじめても、なかなか声がとどかないと思うんです。だから、自分がそれまでやってきたことを生かしてつたえていくという方法がいいと思っています。わたしの場合、それは絵ですね」

最近、平澤さんはこども向けのパンフレット制作に携わった。そこで、こどもたちがパンフレットを家に持ち帰ったあと、お母さんたちにも興味を持ってもらえるようなパンフレットにしたいと考えた。

「そのパンフレットは、ある地域で廃材を利用した取り組みが行われていることをこどもたちにつたえるためのものでした。こどもたちだけでなく、お母さんたちにもそのすばらしい取り組みを知ってもらいたくて、お母さん方にも関心をもって見てもらえるようにイラストを描きました」

平澤さんは、自分の絵が役に立つのであれば、環境に関する仕事にも積極的に取り組んでいきたいと考えている。さらに最近は、こどもたちにつたえる大切さも感じるようになった。

「こどもたちといっしょに絵を描いたり、工作をするようなワークショップをこれからもやっていくつもりです。未来を担うこどもたちが、手を動かすことで気づく何かがあったらうれしい。地道な活動ですが、これも発信のひとつだと思っています」

部屋のすみにあるのは、ワークショップで不要になった木や布を使って作ったカカシ。

これからほしいもの
コンポスト　畑

言葉の意味
◎フェアトレード
発展途上国で作られた農作物や製品を適正な価格で継続的に取引することによって、生産者や労働者の持続的な生活向上を支える取り組みのこと。コーヒー、バナナ、チョコレート、手工芸品、衣服などの不当な価格での取引、低賃金労働者の発生、児童の労働や乱開発による環境破壊を防ぎ、生産者・労働者の自立を目指している。

みんなのエコバッグ

買い物へ行くとき、
外出するとき、当たり前のように
持っていくエコバッグ。
みなさんがふだん使っている
エコバッグの数々を
見せてもらいました。

有元くるみ

根本きこ

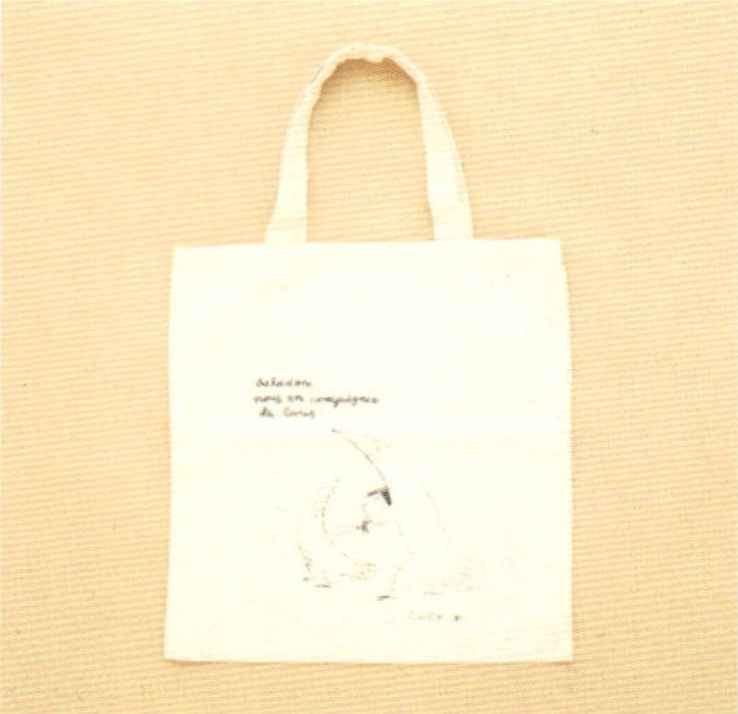
平澤まりこ

安斎伸也・明子

井波希野

山下りか

石村由起子

ヨーガン レール

かわしまよう子

廣瀬裕子

23

安斎伸也さん
Shinya Anzai

安斎明子さん
Akiko Anzai

共通のしあわせがあるから、
つづけられる。

あんざい・しんや
あんざい・あきこ
福島市にある「あんざい果樹園」の3代目。奥様の明子さんは鎌倉出身。伸也さんと結婚して2002年8月に「cafe in CAVE」をオープン。敷地内には伸也さんのお母さんの営む「Utsuwa.gallery あんざい」もある。
http://www.ankaju.com/

福島県の北側、フルーツラインというおいしそうな名前のついた道路沿いに「あんざい果樹園」はある。表には直売所。その建物に寄りそうようにして、安斎明子さんが開くカフェ「cafe in CAVE」がある。

明子さんのご主人、伸也さんは、果樹園の3代目。いまはお父さんとともにりんご、梨、桃を育てている。明子さんは、その果樹園でとれたくだものを使ったジャムやスイーツを作り、カフェで出している。ふたりのモットーは「いまあるものを有効利用すること」。新しいものを追い求めたり、お金を出して何かをするのではなく、手にしているものを使い、無理をしないで、たのしくムダのない暮らしを目指している。

気づくこと

いいことは、取りいれていく

明子さんがカフェを開きたいと考えたのは、果樹園でとれるくだものをムダにしたくないと思ったのがはじまり。直売所で売るくだものは、完熟採りが原則。熟したくだものは、あまく、みずみずしいけれど、日持ちがしない。ムダになってしまうくだものを見て、お嫁にきた明子さんは、こころを痛めていた。

「むかしから食べ物をムダにするのがすきではないんです。もったいないからくだものを使って『ジャムやお菓子を作りたい』と思ったのが最初です。お茶もすきだったので、それだったらカフェをはじめようかなあって」

一方、伸也さんは、

「自分たちの家でやるんだから気楽にスタートできるし、居心地のいい空間ができたら、たのしいだろうなあと……」

50年間使われていなかった物置小屋を友人たちと片づけ、ペンキをぬり、すきなものを置き、カフェをオープンさせたのは、思いついてから1か月後。気持ちのいい空間と手作りのスイーツは評判を呼び、夏にはたくさんの人がおとずれる場所になった。

伸也さんが果樹園をついだのは、明子さんと結婚してから。お父さんに教わりながら、くだものを育てている。あんざい果樹園の特徴は「あまり手をかけないこと」。自然の力、木の生命力にまかせるようにしている。

「果樹園では、くだものを大きく色よくするための堆肥はあまり使っていません。だから、うちのくだものはおいしいけれど、ちいさいんです」

ふたりは、常々「いいことは、取りいれよう」と考えている。日々のごはんを玄米にしたのも、天然酵母のパンを焼きはじめたのも、カフェを開いたのも、そんな思いから。

「環境のことに興味があるのも、いい環境のほうが自分たちにとって、しあわせだから。いろいろやっているのも、しあわせのベクトルがそちらに向いているからなんです」

伸也さんは、いいと思ったことは、ちいさなことでも、三日坊主でも、はじめてみればいいと考え

果樹園でとれたりんごを使ったジュース。ラベルも自分たちで考えた。

ている。

「まずは、やってみればいいんですよ」

　伸也さんと明子さんは、ふたりでよく話す。仕事について、自分たちのあり方について、環境問題について。

「ふたりの意見が一致していることが大事だと思うんです。まず、農業をやっていくこと、そして農業をつづけていくことは、いろんな意味で価値があると感じています。大変なこともあるけれど、そういう思いが同じだから、ふたりでたのしみを見つけながらやっていけるんだと思います」

　明子さんの言葉に、伸也さんも声をそろえる。

「自分たちが思うしあわせを確認し合って、すこしずつ実現していく感じです」

やっていること

いまあるもので
充分
環境にいいことが
できます。

くだものをムダにしない

完熟のくだものがたくさんあるときはジャムに。定番の味のほか、フレーバーの組み合わせを変え、新しい味を常に研究している。

手作りコンポストを使う

プラスティックの容器がすきになれないので、伸也さんが手作りしたコンポスト。堆肥になったら果樹園で使っている。

家のなかでも厚着する

冬の寒さがきびしい福島。家のなかでも常にプラス1枚、上着を着るようにしている。動きやすさとあたたかさを備えた、モンベルのキルティングジャケット。

手作り化粧水を使う

伸也さんのお母さん手作りのドクダミ化粧水とスギナ化粧水。身近にある植物を使って作ったもの。焼酎に6か月つければ、できあがり。

干しりんごを作る

りんごがたくさんあるときは、干しりんごにして保存。こどものおやつに持ち歩きも可能。

冷気を遮断する

梱包材に使用するプチプチを大きな窓におろし、外からの冷気がはいってこないように。使わない季節は丸めて収納できる優れもの。

薪ストーブを使う

果樹園で出る枝や廃材で暖をとれる薪ストーブ。これが来てから灯油の使用量がぐっと減った。

つづけること
依存しない暮らしを

安斎家では、この前の冬から薪ストーブを使いはじめた。作業場で使われている1台1万円のストーブを買ってきて、伸也さんが取りつけた。薪になる材料は、身近にたくさんある。

「果樹園のいらない木を薪にしているから、自分のところでまかなえるし、ゴミも減るし、あたたかいし、いい循環でしょう」

ストーブを置いたことで、家族がストーブのまわりに集まるようになった。1番あたたかい場所は、伸也さんのお父さんの指定席。長男の草一郎くんもストーブのそばで遊んでいる。


伸也さんがこれから目指すのは、なるべく依存しない暮らし。

「大事なのは、できる限り依存を少なくすることだと思うんです。食べ物も、エネルギーも自分たちで用意できればいいわけですよね。うちは田舎だから、食べ物は物々交換が多いんです。お金に依存しなくても食べ物が手に入ります。エネルギーもいっしょです。薪ストーブやソーラーパネルなど、代わりになるものがあれば、電気も石油も少なくてすみますから」

最新作は、お手製のコンポスト。庭にぽつんと置いてある。

「既製品のコンポストがどうもすきになれなくて。それだったら自分で作ろうと思って、作りました」

ゆくゆくはソーラーパネルも取りつけたいと考えている。どこのメーカーがいいか、ランニングコストについて、これから調べていくつもりだそう。

ムリはしないけれど、あきらめもしない。毎年、やりたいことを見つけ、ふたりでかなえていく。共通のしあわせがあるから、あせらず、つづけられる。

「ぼくたちがたのしそうにやっていたら、みんなもマネしてくれると思うんです。そんな感じで暮らしていきたいと思っています」

物々交換していただいた豆は、使い終わったビンに保存して。

これからほしいもの
ソーラーパネル
ユニークな人たちとの出会い

かわしまよう子さん

Youko Kawashima

ゴミを出さない
シンプルライフ。

かわしま・ようこ
2000年より道ばたに生きる雑草の写真を撮りながら、自然(ものや花)をテーマに執筆や作品づくりに取り組む。著書に『草手帖』(ポプラ社)、『しんぷるらいふ』(アノニマ・スタジオ)など。
http://www.ne.jp/asahi/higashi/kaze/index.html

ちいさな庭がついた2階建ての集合住宅。庭には、背丈の倍ほどの高さがあるアジサイが植えられている。

かわしまよう子さんの暮らす家は、なつかしい空気につつまれている。テーブル、イス、数冊の本、必要なものだけが置かれた空間には、すべて大切に使いつづけられているものばかり。昔から持っているものもあれば、人からゆずり受けたもの、捨てられているのを見かねて持ち帰った、そんなものもある。部屋には、ほとんどの家にあるようなテレビ、エアコン、電子レンジなどの電化製品がない。

気づくこと
とにかく、ゴミにしない

かわしまさんが暮らしのなかで気をつけているのは、ゴミを出さないこと。買い物のとき、ゴミになるようなものは受けとらない。壊れたら修理する。使い終わったものでもすぐ捨てず、別の使い道を考える。そういったことを、とても大切にしている。

「だから、量り売りしているものを買いに行くときは、タッパーウェアなど容器を持参するようにしています」

買い物用バッグを使うのは、いまではよく見かける光景だけれど、かわしまさんは、もう一歩ふみこんで、容器をもらわないことを以前からつづけている。うっかり受けとってしまったら、あとでお店に返しに行くこともある。

「エアパッキンやくだもの用の梱包材など、気をつけていても、その場では返せなくてたまってくるんです。わざわざ返しに行くことは勇気がいることですけど、受けとってくれるお店にはなるべくもどすようにしています」

最近気になるのは、通信販売の包装の仕方。ひとつ買っただけでも梱包材がぎっしりつまった大きなダンボールに入れられて、商品がとどく。家にいて買い物ができるのは便利だけれど、便利さよりムダなもののほうに目がいってしまうようになった。

「通信販売はひかえるようになりました。自分で出かけて行って買えば、ほしいものだけで終わりますからね」
かわしまさんが、ゴミのことを意識しはじめたのは、こどものころ。記憶をたどると、いまの自分の暮らし方につながる思いを当時からすでに抱いていた。
「九州の田舎に住んでいたんですけど、わたしがこどものときは、山にゴミを捨てに行く人が多かった。それは、こども心にもよくないことだとわかっていました。『そんなことしていいのかなあ』って」
いらなくなったら捨てればいい。自分の前からなくなればそれで終わり。そういう考え方は、悲しいことだとずっと感じていた。その思いは、いまでも、おなじようにかわしまさんのなかにある。

やっていること

ずっと前からやっていることばかりなので特別な感じはありません。

容器を持っていく

お肉を買いに行くときなど、量り売りをしているお店には容器を持参している。

ゴミにしない

使い終わったものは、別の用途に。かわしまさんのお宅では、あちこちにそういったものが置かれ、かわしまさんらしさを醸しだしている。

調べる

興味のあること、疑問に感じたこと、おかしいと思ったことは自分で調べる。集めた資料などはファイルにとじておき、いつでも見られるように整理する。

箸を持ち歩く

外食のときに割り箸を使わないように自分用のお箸を持ち歩く。お箸は三島に出かけたときに雑貨屋で購入。

ラップを使わない

野菜、くだものの切り口はお皿につけて保存。こうすればラップを使わなくても乾かない。

直す、繕う

電化製品も洋服も、壊れたり、破れても、まずするのは、修理すること。くつ下など衣類は、繕うようにしている。

ゴミ袋はレジ袋で

道に落ちているレジ袋を拾い、自宅用のゴミ袋として利用。元々ゴミのでない暮らしをしているので、それで充分。

みかんのお茶の作り方

①無農薬のみかんの皮をとっておく
②スライスしてかごにいれ風通しのいいところに干す
③カラカラに乾くまで1週間から10日ほど置く
④みかんのお茶として飲むときは、お湯で煮つめる
⑤苦みがあるので、
　ざらめやはちみつなどであまみを加える
⑥紅茶などに香りづけとして少量、加えてもいい

自然のままの花がすき

かわしまさんが、花と関わるいまの仕事をはじめたのは、26歳のとき。それまでは会社員をしていた。

「長いあいだ、いろいろ考えていたことが、あるとき固まったんです。それが、花との仕事でした」

かわしまさんのなかにずっとあった思い。それは、自然を大切にしたいという気持ち。

「こどものころから草花がすきだったんです。わたしが惹かれるのは、自然に生えている雑草と呼ばれている植物。仕事で使う草花も、家に飾る花も、身近に生えているものです」

かわしまさんの作品は、花器ではないものに飾った花や、たくましく生きる雑草の姿を撮影したもの。花器として使うのは、たとえば、納豆がはいっていたパック、マヨネーズのフタ、飲みものの容器など。自分が使ったものを利用することが多い。友人たちから「これ、使う?」とお醤油がはいっていたちいさな容器や形のめずらしいビンなどがとどくこともある。

花器ではないものに草花を飾ることは、こどものころからしていた。

「海に行くと漂着物やゴミがいろいろ落ちていますよね。そういうものを使って『最高傑作を作るぞ』とはりきって遊んでいました」

川べりは、季節を感じられる場所

飾る草花を多摩川に摘みにいくこともある。以前、多摩川のちかくに住んでいたこともあり、庭のようによく知った場所だという。

つづけること

旅に出るとかならず寄る場所

かわしまさんの中で、ものを作ることとものを捨てることは同じところにあり、そのバランスの保

ち方をいつも考えている。作品を完成させたあとは、休みをとり旅行に出る。行き先は沖縄、小笠原、屋久島、生まれ育った九州。いつも、ひとりで出かけて行く。旅行先では、地図を見て、その地域のゴミの施設を見学するようにしている。ゴミの施設へ足を運ぶことで、自分たちの暮らしがわかり、生活を見つめ直すことができるそう。

「役場をたずねて、その地域の施設についてお話をうかがうこともあります。担当の人が施設まで個人的に連れていってくれることもあります。場所だけ教えてもらって、ひとりで見にいくことも。わたしの場合、旅とゴミ処理場見学は、セットになっているんです」

東京都のゴミの最終処分場にも何度か出かけている。

「東京の埋め立て地は、あと30年でいっぱいになってしまいます。つまり、あと30年で東京都の海は埋めつくされて消えてしまうんです。でも、その後のことは何も決まっていないですし、話題にもあまり上らないですよね。自分たちの問題なのに……」

埋めればいいという考えは、結局は、自然をこわし、暮らしている場所をよくない方向へ進めていく。森や海辺を汚すだけでなく、自然が少なくなっていくことにもつながる。

「この前、沖縄に行ったとき、海岸でゴミ拾いをしたんです。ゴミ拾いも大事だけれど、ゴミを捨てないという意識が本当は大事なんですよね。『ゴミを作りたくない』というひとりひとりのこころがけがあれば、これから変わっていく気がします」

これからほしいもの

ちいさな畑

言葉の意味

◎東京都ゴミ最終処分場
1950年代から東京都が江東区などに作った人工島。不燃物が埋められている。98年から7つ目（新海面処分場）の埋め立てがはじまり、都内では最後の埋め立て地とされている。

田中優さんに教わる すぐにできる 環境にいいこと。

田中優さんは、環境問題をつたえるため
日本中を飛びまわっています。
いわば、環境についてのプロ。
そんな田中さんに、
わたしたちでもすぐできる10のことを
教えていただきました。

たなか・ゆう
地域での脱原発やリサイクルの運動を出発点に、環境、平和などのNGO活動に関わる。未来バンク事業組合理事長、日本国際ボランティアセンター理事、ap bank 監事を務める。現在、立教大学大学院、和光大学大学院、大東文化大学の非常勤講師。著書に『世界から貧しさをなくす30の方法』（共著、合同出版）、『戦争って、環境問題と関係ないと思ってた』（岩波ブックレット）など多数。

1 電球を白熱灯から蛍光灯に替える

蛍光灯のほうが価格は高いですが、寿命が長く消費電力も少なくてすみます。つまり電気代が安いということ。電気料金でいうと年間一灯あたり2479円（2008年5月現在）お得に。蛍光灯のひかりの色がすきではない人は、白熱灯色の蛍光灯にしてみては。

2 夏は窓辺に緑のカーテンを、冬は長めのカーテンをつける

暑い季節は、窓辺でゴーヤやヘチマなどツル性の植物を育て、カーテンのようにして窓を覆います。それだけで、気温が下がります。よしずを使うのもいいですね。冬は、床まで下がる長めのカーテンをつけたり、窓にプチプチを貼れば、窓から熱が逃げていきません。雨戸があるお宅は、雨戸を閉めて。かなりの省エネに。

3 古い冷蔵庫を使っている人は買い替える

日本の冷蔵庫は、世界一省エネで性能がいいです。長く使うことも大事ですが、冷蔵庫に関しては24時間使いつづけるものなので、10年以上使った古い冷蔵庫であれば買い替えをおすすめします。いまの冷蔵庫は、エネルギーを大幅に節約してくれ、フロンガスも使用されていません。

4 地元でとれたものを食べる

国産のものを食べることは、それだけ輸送量が減り、CO_2削減につながります。安全なものを作っている農家の宅配を利用するのもおすすめ。日本でがんばっている農家を応援することは、農薬を減らすことにもつながり、生き物にいい環境作りの手助けになります。

5 公共の交通機関を使う

石油はあと30年でなくなると言われています。やがて車は、電気自動車に変わっていくでしょう。値上がりをつづけるガソリンは、お財布を直撃します。ガソリン代、石油を節約するために、公共の交通機関を利用しましょう。

6 自然に還るものを選ぶ

ゴミは、自然に還らないからゴミになります。自然に戻るものはゴミとは呼びません。ものを選ぶとき、自然に還るものかどうか、考えてから手にしましょう。

7 使うエネルギーを選ぶ

熱利用なら、電気よりガスのほうが、環境に負荷をかけません。エネルギー効率がいいので、ムダになるエネルギーも少なくてすみます。さらに、ソーラーパネルを取りいれて自家発電する方法も。いまは、木くずを使ったペレットストーブも開発されました。ヨーロッパでは、自分で電力会社を選ぶこともできます。日本はまだそこまではいっていませんが、どのエネルギーを使うか、選ぶことからはじめてみましょう。

8 同じ思いを持ったともだちを作る

環境問題をひとりで考えていると、思いつめてしまうことがあります。関心があってもひとりだとなかなか行動できないことも。ともだちを作り、意見交換をすることが大事です。新しい意見も聞けるようになります。会う時間がなくても、インターネットで情報交換するつながり方もあります。力が集まれば、可能性が広がります。同じ思いを持ったともだちを作りましょう。

9 お金の流れを見つめる

日ごろ、関係ないと思っているお金の流れですが、自分の使ったお金、預金しているお金が、意外なところで、思わぬ使われ方をしていることがあります。どんなふうに使われているか、銀行がどうしているかを調べることも大事。インターネットなどを使ってお金の流れを見つめてみましょう。環境活動に熱心な銀行を選び、預金するのもいいですね。

10 人生をたのしむ

人生をたのしみましょう。会社、仕事だけが、人生ではありません。自分の考えを持って、行動できるようになること、それが、人生をたのしむということです。よくないと思っているのに声を上げなかったり、会社のために人生を捧げてしまうのは、もったいないことです。

石村由起子さん

Yukiko Ishimura

こども時代、
祖母から学んだこと。

いしむら・ゆきこ
奈良のカフェ「くるみの木」オーナー。雑貨店、ギャラリーも併設。２００４年にゲストハウス「秋篠の森 Hôtel ノワ・ラスール」もオープン。
http://www.kuruminoki.co.jp/

木々がさわさわとそよぎ、季節の草花が生いしげる敷地のなかに、石村由起子さんが経営する「秋篠の森」がある。2室だけのホテル、地の野菜を使った料理を出すレストラン、ギャラリー、雑貨店がならぶ。石村さんは、奈良で人気のカフェ「くるみの木」のオーナー。2004年の夏に、縁あって「秋篠の森」を立ち上げた。

　忙しい暮らしのなかで、石村さんが身につけたのは、ムダを省くこと。食べ物を大切にすることも、環境にいいことも、そこからスタートした。

気づくこと

明治生まれの祖母の口ぐせ

　午前5時30分。石村さんの1日がスタートする。石村さんの朝は、忙しい。その日の予定を考え、スケジュールによっては、お昼ごはんと夕ごはんの準備を朝のうちにすませてしまう。その合間に日課の半身浴をして、仕事の段取りを考える。

「こどものころから祖母に『段取りが大切』と教わってきたんです。ごはんをすぐ作れるように下ごしらえしておく、食材をムダにしないなどは、祖母から教わりました」

　石村さんのお祖母さまは、伝承料理を教えていた。その手つだいをして育った石村さんは、身近にあるものを使い、おいしく食べる

術《すべ》を自然に学んだ。

「祖母は、庭にあるサルナシやボケを薬用酒として漬けたり、シブ柿もおいしく食べられるように、ひと手間かけていただいていました。野菜もくだものも捨てなかったですね。いま、わたしも身近にあるくだものや花で果実酒を作っています。食べ物も捨てないです。野菜の皮はキンピラにしたり、干したり。最後まで使い切るように

（右上）保存用干し野菜。（左上）どこに何があるか把握することで食材を使い切る。乾物は透明な袋に入れて。（右下）冷蔵庫のなかのものにはラベルを。（左下）山桃やみかん、ブルーベリーの果実酒。

しています」

自宅で使う野菜は、近くの無農薬野菜を作っている方から週1回とどけてもらっている。作る人を知っているから、ますます、大切に食べるようになった。

「ちいさな野菜がはいっていることもあって。とてもかわいくて、大事に食べています」

石村さんは、忙しいからこそ暮らしがシンプルになったという。洗剤をあまり使わない、漂白剤を使用しないなど、必要のないものはいつの間にか暮らしのなかから消えていった。それは、環境にいいほうへ生活がシフトしていったということでもある。

「以前、アクリルタワシを買ったんです。そうしたら洗剤がいらなくなった。洗剤がなくてもちゃんと汚れが落ちていて、はじめはおどろきました。使わなくていいな

(右上)みかんの皮はお風呂用。(左上)友人のマーケットで買った青いアクリルタワシを愛用。(右下)酢や月桂樹の葉、唐辛子いり殺虫剤。(左下) フキンは塩をいれた水で煮て最後に酢を加え漂白する。

らそのほうがいいでしょう。いまは、洗剤は、油もののときだけ少量を使うくらいです」

日々使うフキンやタオルの漂白も、熱湯につけてから、塩とお酢をいれた水でぐつぐつ煮る方法にしている。その日のうちに処理してしまえば、おどろくほど真っ白になるという。

「体にきつそうなものは避けるようになりました。体にも、環境にも、おだやかなもののほうが気持ちいいですから」

石村さんは、自分ではそう意識しないまま、環境にいいことを取りいれていた。それは、かつて、お祖母さまから学んでいたことだった。

やっていること

ムダを少なくしたらこうなりました。

ベジBOXを作る

玉ねぎの皮、大根やにんじんの根っこ、キャベツの芯など、くず野菜はベジBOXで保存し、いっぱいになったら、ニンニクとショウガを加え、スープストックを作る。

手作りの洗剤を使う

重曹や酢を使った手作り洗剤を使用。酢は同量の水でうすめ、床を拭くときに。ツヤもでて、手も荒れない。

コンポストを使う

食べられない部分、ほかのことに使えないところだけは、このコンポストにいれて。ホームセンターで見つけた4200円のもの。

割り箸をリユースする

使用済みの割り箸は洗ってから、自宅で使っている薪ストーブの火種として利用。

化粧水を手作りする

いろいろ試して、たどり着いたのが手作りの化粧水。梅干しを日本酒に漬けたものとゆずのタネを焼酎に漬けたものを使っている。

チラシも最後まで

新聞にはいってくるチラシは、折って、ゴミいれに。時間があるときに、たくさん作ってまとめておく。

地元でとれた野菜を食べる

奈良で無農薬野菜を作っている方からとどく野菜は、新鮮なだけでなく、めずらしいものも。今回はのらぼう菜、菜花、葉ねぎ、かしらいもなど。

つづけること

むかしの暮らし方から学んでいく

「環境にいいと考えていたわけではないんですけれど、自宅で出る生ゴミは、コンポストを使っています」

石村さんのお宅の庭にあるちいさなスペース。そこで、夫婦ふたりで食べるくだものやハーブを育てている。季節になると苺やナシ、山桃、ブルーベリーなどがたくさんの実をつける。生ゴミは、その畑で堆肥として使うため、コンポストを用意した。ゴミが少なくなる上、野菜にとってもいい栄養になる。

「ゴミをゴミにしないようにする。意義あるゴミにするというのをこころがけているんです。だから、新聞のチラシも折ってゴミいれにするなど、新しい役割を作っています」

最近、石村さんは、暮らし方がむかしにもどってきている気がす

るという。

「むかしは、エコなんて言わなくても、みんなが環境に配慮した暮らしをしていたと思うんです。自分たちの作れるものは作り、いまあるものを大切にする、という考えは、祖母の時代には当たり前でした。わたしのいまの暮らしも『わたしが育ってきた姿』にだんだん近づいてきていると思います」

　石村さんが育った四国の実家は、広い敷地のなかにあった。なかには、田んぼがあり、畑があり、桃畑もあった。ごはんどきともなれば「あれを畑からとってきて」というのは日常の風景。それは、こども時代の石村さんの役目だった。

「最終的に目指しているのは、そういう暮らしです。段々畑があって、夫婦で食べられる野菜を作って、手入れしなくていい柿の木があって。むかしの暮らし方なんですけど、いまだからできることも取りいれた暮らしを、と考えています」

　石村さんは最近、雨水タンクをお店の庭に置いた。それに水をため、夏には、庭の水まきに使いたいと考えている。

「秋篠の森は敷地が広いので、水まきにはたくさんの量の水を使うんです。雨水も大事な資源ですから、水まきに使えば、ムダにならないと思って。こんなふうに環境にいいことをしていきたいです」

これからほしいもの
畑のある海辺の家

井波希野さん

Kino Inami

たのしく、おしゃれに、農業を。

いなみ・きの
短大の園芸生活学科を卒業後、「国際農業者交流協会」の制度を使いスイスで農業研修を受ける。帰国後、山梨県に農場「Kino Café」をオープン。
http://www.ne.jp/asahi/bio/kinocafe/

山梨県甲斐駒ケ岳のふもと。水の豊かな北杜市白州《はくしゅう》町で井波希野さんは暮らしている。自分の名前、希野から「Kino Café」と名づけた農家をはじめたのは24歳のとき。無農薬、有機肥料の野菜をひとりで育て、全国にむけ出荷している。

「Kino Café」のコンセプトは「たのしく、おしゃれに、農業を」。今年で4年目。初年度は1か月20ケースだった宅配野菜の注文も、いまでは、夏には月１５０ケースもくるようになった。

気づくこと

農家でも、たのしく暮らしていけるということ

井波さんが、農業をやろうと思ったのは、スイスで農業研修をしたのがきっかけ。園芸生活学科で学び卒業した2年後、スイスへ旅立った。ヨーロッパには、1年の期限つきで農家に住みこみをしながら、農業を学べる制度がある。学校の先輩や同級生が、海外での農業研修に行っていたこともあり、井波さんも軽い気持ちでスイス行きを決めた。

「1年ぐらい外国で暮らしたいと思ったんです。最初はどちらかというと海外で生活するのが目的で、農業を勉強するための留学ではありませんでした」

研修の行き先は、ドイツ、デンマーク、オランダ、スイスのなかから選べる。井波さんが選んだのは、スイス。

「わたしが行ったお宅は、複合農家とよばれるところでした。野菜も作るし、ウシも、ニワトリもいました。果樹園もありましたね。野菜は、すべて減農薬。全部で26ヘクタールあり、日本で言うと大規模農家です」

　仕事は、想像していたより大変で、日々やることが山積み。野菜の手入れから、ウシの乳しぼり、放し飼いにされているニワトリを出荷するため夜中の2時から働いたこともある。

　滞在して半年経ったころ、井波さんは、自分の気持ちの変化に気づく。農業をたのしくつづける家族とすごすうち、自分も農家になりたいと思うようになったのだ。

「スイスは、農家の人たちが誇りを持って仕事をしているんです。食料自給率も60%を保つように国が法律を作っていて、農家は手厚く保護されています。お世話になっていた農家は、こどもが3人いて、3人とも両親のあとをつぐと言っていました。仕事は、朝6時から夜7時まで。そのあとは、家族そろって庭でお茶を飲みながらすごすなど、暮らしそのものが豊かなんです。農家でもやり方によっては、そんなふうにできることを知って、自分も農業の道に進もうと思いました」

　井波さんの決心は固く、帰国してからすぐ準備をはじめた。3月に日本に帰ってきて、5月には知り合いから畑を借りた。

「やる気のあるうちにやったほうがいいと思ったんです。日本は新規に農家をはじめるのは手つづきが大変です。女の子が農業をはじめる、それも無農薬で、というので、最初は『本気で言ってるの？』という感じでした。でも、若い人で農業をする人が少ないので『まあ、やってみれば』という感じで、はじめることができました」

ナス

トマト

(右上)ルバーブでジャム作り。(左上)お味噌やりんごジャムは、お母さんのお手製。ペンションで販売。(下)めずらしい野菜の種がたくさん。

つづけること

積極的にやっていきたい

井波さんの育った家は、食べ物はほとんどが手作りだった。暖房も薪ストーブを使うなど、ふつうの家庭とすこしちがっていた。

「実家が、ペンションをやっているんです。そういうこともあって、昔からパンもソーセージもジャムも手作り。おいしくて体にいいものが当たり前にある家でした」

そんな家庭で育ったこともあり、井波さんは、仕事をするなら環境にいいことをしたいと考えていた。植物学者だったお祖父さまの影響もあり、植物に興味を持ち、農業の道に進んだのは自然の流れのように見える。

井波さんは、仕事だけでなく、暮らし方もできるだけ環境に負担をかけないようにと考えている。自然の恵みがあってこその農業と感じているからだ。

（右上）電球型蛍光灯を使用。（左上）出かけるときは水筒を。（右下）待機電力をカットできるコンセントで電力のムダがないように。（左下）トラクター「耕二」くんの燃料はバイオディーゼル。

「最初は、ちょっとしたことからはじめました。石けんは分解しやすいものにする、水や電気をムダにしない、畑で使う機械はバイオディーゼル燃料にするなど、そういったことからです」

いまは、以前より、環境にいいことに積極的に取り組むようになった。きっかけは、地元で開かれた映画『六ヶ所村ラプソディー』の上映会にスタッフとして参加したこと。

「それまではできることをしていました。でも、映画を見て、もっと積極的にやろうと思うようになったんです」

それからは、新しく買い替えるときは、かならず、環境にいいものにしている。いま、井波さんの家には、自分で見つけた環境にいいものが、すこしずつ増えている。

やっていること

もっともっと、できることを増やしていきたい。

アクリルタワシを使う

洗剤をあまり使わないようにしている。洗い物は、お母さんの手づくりのアクリルタワシで。

環境にいいシャンプーを使う

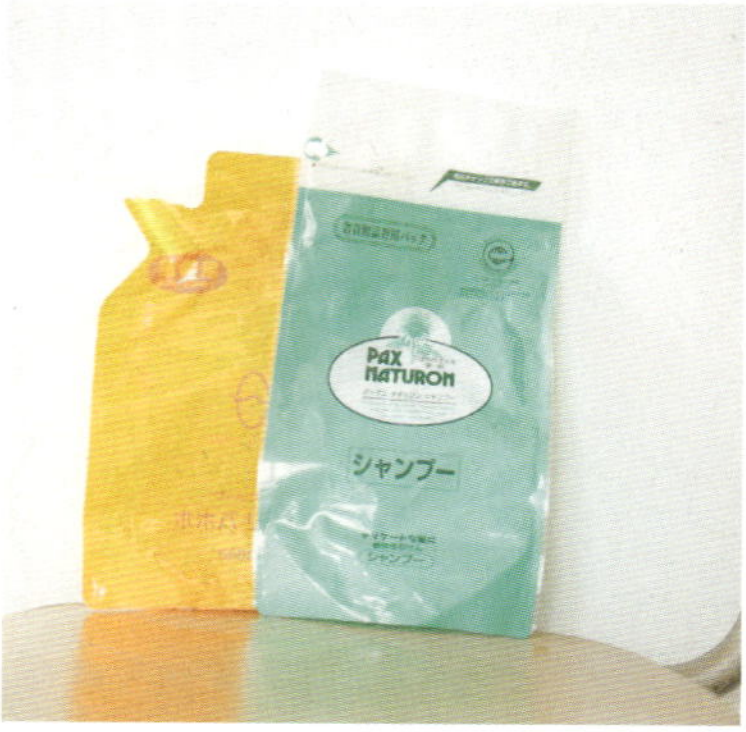

詰め替えできるものを選ぶようにしている。使っているのは「パックス ナチュロンシャンプー」と「ウィルケア　せっけんシャンプー専用　ホホバリンス」。

保存食を作る

野菜がたくさんとれる季節は、かんたんに作れて日持ちするピクルスを作る。黄色ズッキーニ、パプリカ、コリンキー（かぼちゃ）など、色もきれい。

洗剤を選ぶ

歯磨き粉は「シャボン玉 せっけんハミガキ」、洗濯洗剤は「液体複合せっけん」、食器洗いには「ヤシノミ洗剤」を使用。

箸、水筒を持ち歩く

水筒とお箸は、いつも持ち歩いている。ともだちが作ってくれたお箸用の袋と短くなるお箸は便利で気に入っている。

情報を集める

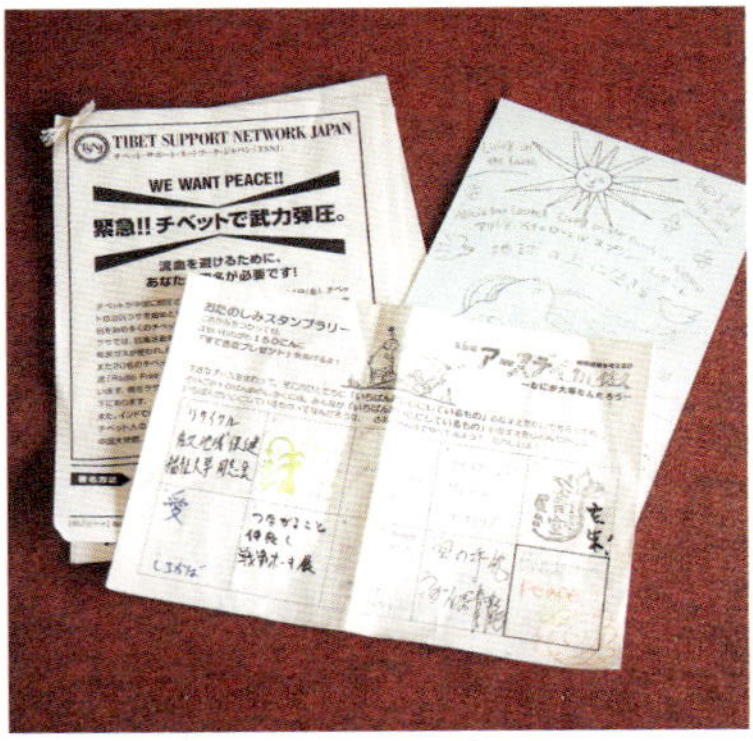

井波さんのまわりには環境問題に興味のある人が多い。イベントやライブは、スタッフとして手つだう。情報を得ること、交換することも大事。

布ナプキンを使う

紙ナプキンは大量のゴミになることから、洗って何度も使える布ナプキンに替えた。「ビワの葉染めエコナプキン」は無漂白ネル生地でできていて、やわらか。

つたえること

野菜作りの先にあるもの

春になると、井波さんは畑の準備をはじめる。最初はタネイモを植えたり、苗を準備したり。夏がちかくなり、野菜がぐんぐん育ちはじめると、とたんに忙しくなる。ピークは8月。野菜の収穫と出荷が毎日つづく。

「毎朝4時30分には畑に出ています。その時間じゃないと朝市の出荷に間に合わないんです」

夏は地元で朝市が開かれ、井波さんの野菜も朝市にならぶ。

「全国からお客さんがくるので、朝市はKino Caféを知ってもらういい機会なんです。そこでおいしいと思ってくれた人たちが、全国から注文してくれるようになりました」

忙しい時期になると、ボランティアで学生や社会人が手つだいにきてくれる。都会から来る人の多くが、口をそろえて言うのは、野菜作りの大変さについて。

「『野菜を育てるって大変なんですね』と言われます。ボランティアの方たちは、手をかけて作っていることを知って、食べ物をムダにしなくなります。その姿を見ていると、食べ物がどうやって自分の所へとどいているかを知ることは大切なんだなって。電気や水も同じです。どんなふうにして作られるのか知っていると、ムダ使いなんてできなくなりますよね」

２００７年からは、東京の代々木公園で、夏から秋に開かれるアースデイマーケットにも参加するようになった。そこでも新しい出会いがある。

「アースデイマーケットのすごいところは、マイバッグ率１００％なんです。はじめは感動しました。出店すると無農薬農家同士のつながりもできるし、お客さんとも出会えます。これからも参加していくつもりです」

井波さんは、いま、ひとつの目標がある。無農薬野菜を作って売る、ということだけでなく、自分がやっていることを見て、ほかの

人が農業をはじめたり、環境にいいことをするようになってくれたら、と。

「それは、未来につながることですよね。それも、いい方向に。わたしにとって、農業は生き方そのものなんです。だから、その姿を見て、なにか感じてもらえるようになりたいです」

これからほしいもの

自分の家　ソーラーパネル

言葉の意味

◎スイスの食料自給率60％
多くのスイスの農家は直売場を持ち、地産地消の考えが普及している。ＢＩＯ（オーガニック）農家、環境を考え作物を作っている農家に対しては、国からの補助金支払額が多くなるよう法律で決められている。また、農地が宅地にならないように対策も進んでいる。スイスのここ10年の食料自給率は60％強。

◎バイオディーゼル燃料
生物由来油から作られた燃料。ディーゼルエンジンに使用できる。植物油の廃油などから作られ、化石燃料の代替品として注目されている。

山下りかさん
Rika Yamashita

「手仕事」を通して、つたえていきたいこと。

やました・りか

雑誌『Olive』のスタイリストとして活動後、90年に渡米。帰国後は、「手仕事」を雑誌やワークショップで提案し、冊子『季節の手づくり』（精巧堂出版）を刊行。現在、NPO法人日本アントロポゾフィー協会理事。こどもたちはシュタイナー学園とNPO法人藤野シュタイナー高等学園に通っている。

山下りかさんのお住まいは、遠くに山々が見える場所にある。都心から電車で1時間ほどの距離。こどもたちの学校の移転に合わせ、この場所に引っ越してきた。

雑誌『Olive』でスタイリストとして仕事をしていた山下さんは、25歳のとき「半年くらい滞在してみよう」と思い立ちアメリカへわたった。そして、そのまま8年、アメリカで暮らすことになる。その間に結婚、出産を経て、ふたりのこどものお母さんになった。

アメリカで暮らしはじめた山下さんが最初に感じたのは、大らかな空気。お互いのことを認め合い、いい意味で干渉しない、そんな空気に「生きるってこんなにラクなんだ」と思ったという。ニューヨークに4年、そのあとサンフランシスコに4年。それぞれの場所で暮らし方が変わっていった。

気づくこと

いつのまにか変わっていったこと

山下さんはスタイリストの仕事をしていたときから、オーガニックのものや自然素材のものを選ぶことが多く、できるだけナチュラルに生活することをこころがけていた。その傾向がさらに強くなったのは、アメリカでこどもができてから。

「妊娠したことでクスリが飲めなくなり、代わりにハーブを取りいれるようになりました。ハーブの効用を知って、植物の力のすごさに気づいたんです」

まわりにいた人たちも、自然素材のものをよく紹介してくれた。ニューヨークで親しくなったフランス人の友人から教えてもらったのはオーガニックコスメ。

「出産で髪の毛が傷んでしまったとき、『これを使うといいよ』って、ロクシタンのシアバターをすすめてくれました」

当時、ニューヨークにはロクシタンのお店がなかったため、友人の実家のあるパリからシアバター

を送ってもらい、それを分けてもらっていた。

「これはいいな」と素直に受け入れたものが、暮らしのなかでふえはじめたころ、山下さん一家はサンフランシスコに引っ越すことになる。こどもを育てるのに「よりいい場所で」と考えての引っ越しだった。

サンフランシスコは、ニューヨークより、環境に気を配りながら暮らしている人が多い街。ニューヨークでは、郊外の市場へ出かけないと買えなかったオーガニックの野菜やくだものが、サンフランシスコでは近所のスーパーマーケットで買うことができた。

「近くにレインボーマーケットというオーガニックのものをあつかっているお店があって、そこがだいすきでよく行っていました。野菜、くだものは無農薬、生活雑貨などは環境にいいものがならんでいて、生活に必要なものは、ほとんどそのお店でそろいました」

アメリカの多くのオーガニックマーケットがそうであるように、レインボーマーケットでも穀類、野菜、くだものが、自分の必要な量だけ買うことができた。シリアルや豆は、ちいさなスコップですくって買う。お米は量り売り。野菜やくだものはパッケージされていなくて、ひとつからでも大丈夫。少ない量でも買えるので、食材をあまらせることもない。

「びっくりしたのは、お客さんが店頭にならぶトウモロコシの皮をむいて、なかの実を確かめてから買っていたこと。ものを選ぶ消費者の目がきびしいんですね」

みんなが、買い物用のバッグを持ってお店にやってくるのは当たり前。布製のものもあれば、何十回と使ったであろうビニール袋を手に買い物をすませ、買ったものをつめこんでいる姿も目にした。

「なんてムダがないんだろうと、すぐマネしました」

それから、山下さんはどこへ行くにも買い物用の袋を持ち歩くようになった。

帰国したいまでも、レインボーマーケットで見つけた買い物袋を大切に使っている。

午後5時、キッチンに立つ

山下さんの1日のスケジュールは、こどもたちを中心にまわっている。夕ごはん作りをはじめるのは、午後5時。学校から帰ってきたら、すぐ、いっしょに食べられるようにとキッチンに立つ。

アメリカで産まれた瑠花《るか》ちゃんと嶺《れい》くんは、いま16歳と14歳と食べ盛りのころ。

「こどもたちはアメリカで育ったので、毎日、玄米とはいかないんです。玄米が3日つづくと『玄米はもういい』って。だから、こってりしたものも作りますよ。でも、そのあとは、できるだけ野菜を取りいれて、偏らないようにバランスを見て作っています」

いま、山下さんの家の近くには、オーガニックのものをあつかうお店がない。そのため、日々の食材は、宅配を利用している。毎週、無農薬、減農薬の野菜類が、ダンボール箱につめられてとどく。

「日本は、自然食品屋さんでも過剰包装ですね。プラスティックの容器にきれいにいれてあります。ふつうのスーパーマーケットだったら仕方ないけれど、自然食品のお店なのにと、帰国当初はアメリカとのちがいにおどろきました。あれは、やめてほしいなあって思っています」

利用している宅配の野菜は、古

新聞やうすいビニールでざっくりと包まれ、ダンボール箱にいれられてやってくる。その箱はリユースするため返却する。そういう点も気に入っている。また、高知県に住む実家のお母さまが趣味で育てた旬の野菜もときどきとどく。キャベツ、ほうれんそう、赤ねぎ、つぼみ菜など、お手製の無農薬野菜は味が濃くておいしい。

「家で食べる野菜を無農薬のものにしているのは、体にいいということもあるけれど、おいしいということも大きいです。それに季節のものがとどくのは、うれしいことですよね」

やっていること

必要なものがあったら、まずは、自分で作れるか考えます。

お味噌を造る

自分で作れるものは作るようにしている。お味噌もそんなもののひとつ。ここ数年は友人と集まって仕こみをする。

寒い季節は湯たんぽ

冬、寒い時期は家族みんなで湯たんぽを愛用。3人分の湯たんぽがかわいくならんでいる。湯たんぽをとめている洗濯バサミはともだちの手作り。

手作りのハタキを使う

不要になったシルクの布を使った手作りのハタキ。家具に当たるときの感触がやわらかく、掃除をするのがたのしくなるそう。

カゴはリユース

NYのファーマーズマーケットで手にいれたカゴをずっと愛用。このカゴには、マッシュルームがはいっていた。

アクリルタワシを使う

アクリルタワシは瑠花ちゃんが作ってくれたものを愛用。87ページの写真にある木の器は嶺くんの作品。

箸、水筒を持ち歩く

出かけるときは、お箸と水筒を持つようにしている。お弁当箱はプラスティック製ではなく、曲げわっぱに。このお箸も瑠花ちゃんが作ってくれた。

洗剤は安全な手作りのものを

オーガニックのエッセンシャルオイルを水で割って作る、手作り洗剤を使用。山下さんが使っているのは、オレンジの果皮から抽出した「オレンジ・スイート」のオイル。

つづけること

手仕事の時間をみんなですごすこと

月に何度かワークショップをひらいている山下さん。草木染めをしたり、羊毛を使ってリリアンを作ったり、ランタンを作ったりと、季節を形にするような、もの作りを教えている。

「手を動かすことは、昔からすきだったんです。自然と親しくなり、自然を敬う気持ちを言葉ではなく、行動でこどもたちにつたえられたらと思って手仕事をしています」

山下さんは、手を動かし、何かを作ることを「手仕事」とよんでいる。手仕事を通してつたえたいことがあるため、ワークショップを行うようになった。

「作る過程をたのしんでほしいんです。手仕事は、できあがったものに意識がいきがちですが、作る過程も大事なことですから」

山下さんは、手仕事をするには「観察が大事」と考えている。こういうものが作りたいと思ったら、お手本をよく見る。ものをよく見ることで「ここはこうなっている」「あそこはこうなんだ」と気づきはじめる。ものをよく見ることをこころがけると、日常のちいさなことにも気づけるようになると感じているからだ。

「自分の暮らしているまわりを観察していれば、自然と環境のことにも目がいくようになります。気

がつけば、疑問を持ったり、考えたりするようになる。わたしは、直接、環境に関する運動はしていないけれど、身近なことに気づくキッカケ作りをしたいと考えているんです。わたしにとっては、それが手仕事の時間をみんなと共有することなんです」

山下さんは、キッカケを作ることは「種まき」だと考えている。自分の発信したことがだれかにとどき、その人のなかで新しい思いが生まれる。たとえ、すぐに新しい思いが生まれなくても、時間が経ち、芽を出すこともあるかもしれない……と。

「これからも、そんな種まきをつづけていきたいと考えています」

これからほしいもの
手作りの機織り機

ヨーガン レールさん

Jurgen Lehl

暮らしも仕事も責任を持って。

よーがん・れーる

デザイナー。1972年、ブランド「ヨーガンレール」を立ち上げた。天然素材にこだわり、職人による手仕事を際立たせたライン「ババグーリ」もスタート。ポーランド生まれのドイツ人。

http://www.jurgenlehl.jp/

運河の横にある気持ちのよいオフィスでヨーガン　レールさんは、自身のブランド「ヨーガンレール」と「ババグーリ」のデザインをしている。洋服作りに関わりはじめたときから変わらない思いは「長く着られるもの」を作ること。流行に関係なく何年も袖を通せるもの。大切にされるもの。そういうものを作りたいと考えている。

月の3分の2は、東京でのオフィスワーク。残りの時間は沖縄ですごす。沖縄のお宅の敷地内には畑があり、地元の人の力を借りてレールさんは農作業をしている。そして、そこで育った無農薬のお米や野菜、お茶は、東京のオフィスへ送られ、おいしいと評判の社員食堂のメニューに加えられる。

社員食堂でだされたお昼ごはんは、お弁当箱につめられ、レールさんの夕ごはんになる。

気づくこと

こどものころに教わった大事なこと

ヨーガン　レールさんが、環境のことを意識するようになったのは、こどものころ。ドイツにお住まいのお母さまから「環境をよごさないように」と言われて育った。

「『自分のものは最後まで責任を持ってあつかうように』と、母から教わりました。いまのわたしの生活、仕事は、こどものときに聞いたことが基本になっています」

ドイツは、世界的にも環境に対する意識が高い国として知られている。けれど、レールさんがこどものころは、それほど環境のことは問題にされていなかったそう。「ドイツ人だから環境のことに関

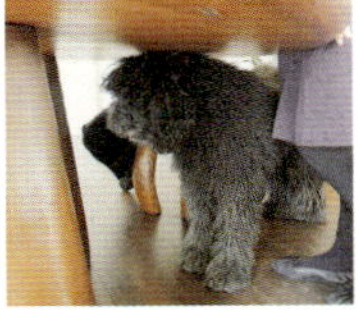

（右上）１階のショップではおいしいマフィンを販売。（右下）インドネシアの職人が一本彫りした無垢のチーク材のスツール。

東京のまん中にあるとは思えないほど静かな自宅は、鳥の声が聞こえてくる。レールさんが選びぬいた、必要なものだけが置かれた部屋。

心があると思われていますが、わたしがちいさかったとき、環境のことについて細かく言っていたのは、身近では母だけでした。買い物のときに袋を持っていくのはこどものころから当然のことでしたけど、当時は世界中、そんな感じだったと思います」

レールさんは、ものをほとんど買わない。洋服も家具も自分でデザインしたものを長年、愛用している。日々、自分が使うものは限られているし、使い終わったあとのことを考えると、できるだけものは少なく暮らすほうがいいと考えているからだ。

「たとえば、缶入りの飲料などは、むかしから買いません。それは、飲んだあとその缶がゴミになってしまうからです。母が言っていた『自分のものは最後まで責任を持ってあつかう』というのは、そう

（上）自宅の洗面台にはヴェレダの歯磨き粉などとともに、小さな瓶や陶器が飾られている。（右下）沖縄でとった薬草は、乾燥させてお茶に。（左下）すぐに使えるように整然と片づけられている台所。

いうことです。すぐゴミになるようなものを選ばないということが大事です。環境にいいことをするには、ガマンが必要だと思う人もいますが、わたしの場合は、こどものときからの習慣になっているので、何の不自由も感じません」

　レールさんが、日常的に買う主なものは、オリーブオイル、ゴマ油、塩、ヨーグルトなど。

「東京にいるときは、お昼は社員食堂でごはんをいただき、夕食は、社員食堂でだされたものをお弁当箱につめてもらい、持ち帰って食べています。だから、買い物はほとんどしなくてすむんです。沖縄では、自分の畑でとれたものを食べています。そのとき、買ったオイルと塩を使うんです」

やっていること

やったらよくないと思うことを省いていった結果です。

自分で作った玄米を社員食堂で

沖縄で作っているお米があるときは、社員食堂で出すごはんに。

お茶を作る

会社で飲むお茶もレールさんの畑でとれたもの。ババグーリでも買える。レモングラス茶、ハッカ茶、グァバ茶。

箸や食器は何度も使えるものを

社員食堂では、お箸も食器も使い捨てのものは使用しない。

ナチュラルコスメを使う

ヴェレダのものを長年愛用している。歯磨き粉「カレンドラ」、「マウスウォッシュ」。

オフィスでも、自宅でも洗剤を選ぶ

ふきんの漂白には「シャボン玉 酵素系漂白剤」、食器洗いには「パックス ナチュロン」、台所洗剤には「エスケー 石けんクレンザー」を使用。

オーガニックオイルを選ぶ

オリーブオイル、ゴマ油などはオーガニックのもので、気に入ったものを使いつづけている。ゴマ油は「胡香の光」を愛用。

シャンプー、石けんを作る

レールさんの発案で作られたババグーリ「サンダルウッドとローズマリーのバーム」、「サンダルウッドとローズマリーのシャンプー、リンス」、「ジャタマンシの石けん」。

つづけること

沖縄でのすごし方

沖縄では、1日のほとんどを畑ですごす。朝は、太陽がのぼりはじめる時間に起き、畑へ行く。おなかがすいたら家に戻り朝食の準備。そのあと、また畑に出かけるというスケジュール。

「沖縄にいるときは、早く起きて、おそく寝ています。畑仕事に時間を取りたいんです」

　レールさんがお米や野菜を作りはじめたのは10年前。いまでは、もっと多くの時間、農作業に関わりたいと思っている。

「化学肥料を使うと土がやせるんです。ここは最初、土が赤色でした。それがいまは茶色になってきた。このあとネズミ色になって、最後に真っ黒になったら、ほんとうにいい土になったということです。でも、わたしが生きている間にはならないかな」

　いずれは、ニワトリなども飼いたいそう。フンを肥料として使うことを考えている。

つたえること

信じたことをつづけていく

「ババグーリ」は、「ヨーガンレール」のもうひとつのブランド。環境に負担をかけたくないというレールさんの願いがこめられている。製品は、すべて草木染め。化学染料は使用していない。

「化学染料の工場で、長年働いている人が健康を害すると知って、人にも環境にもいいということで草木染めにしました。工場をさがすのが大変でした。環境にいいことをしたいと思っても、できる所が少ないのが現実です」

　会社という組織を変えていくのは、大変なエネルギーがいる。それでもレールさんは、いいと思ったことは、できるだけ実行するようにしている。「ババグーリ」では、草木染めで作られた生地を使い洋服を作ったあと、余り生地は別のものに利用するようにしている。

「いま、世界で、石油はあと20〜30年でなくなると言われています。それがわかっているのに、なぜ、石油を使いつづけるのか、ほかの方法に変えないのか、わたしには

わかりません。ものを作って、こわして、捨てて、ということを繰り返していては、いいものは生まれないし、環境にもよくありません。自分のブランドでできることをしたいと思ったのが、『ババグーリ』の草木染めでした。『ヨーガンレール』ブランドでも、化学繊維は極力使わないようにこころがけています」

　いまは、たくさんの情報があり、人それぞれの考えがある。できることもあれば、そうでないこともある。環境問題に興味のある人もいれば、無関心な人もいる。さまざまな意見があるなか、長年、環境にいい暮らしをつづけているレールさんは、ひとつの思いを持って行動している。

「最後は、自分がいいと思ったことを信じてやるしかないと思います。人がどうしているかとか、だれかに何か言われたからやる、ということではなく、自分の意志で動くことが大事です。わたしが信じているのは、こどものころ母に教わったこと。『環境によくないことはしない』、『自分のものは最後まで責任を持つ』。それが大事だと思っているので、できるだけそうしているんです」

これからほしいもの

農作業をする時間

みんなのおすすめの本

環境問題を知るための本、
暮らし方が変わる本、
いつも手元に置いておきたい本。
身近なことから
おおきなことまで、
読んでほしい本ばかりです。

有元くるみ

『プンダリーカ』
浅野佳枝著／ナチュラルスピリット

根本きこ

『家庭でできる自然療法』
東城百合子著／あなたと健康社

山下りか

『植物への新しいまなざし』マーガレット・コフーン著／涼風書林
『手仕事の日本』柳宗悦著／岩波文庫

かわしまよう子

『おおきな木』
シェル・シルヴァスタイン作・絵／篠崎書林

ヨーガン レール

『ZOMO』ヨーガン レール著／ヨーガンレール
『Babaghuri』ヨーガン レール著／ヨーガンレール

井波希野

『無農薬でつくるおいしい野菜』
婦人之友社編集部著／婦人之友社

安斎伸也・明子

『シェルター』
ロイド・カーン著／ワールドフォトプレス

平澤まりこ

『ここが家だ』ベン・シャーン絵、アーサー・ビナード著／集英社
『世界から貧しさをなくす30の方法』
田中優・樫田秀樹・マエキタミヤコ編／合同出版

廣瀬裕子

『社員をサーフィンに行かせよう』
イヴォン・シュイナード著／東洋経済新報社

石村由起子

『愛の画文集』大橋歩著／生活の絵本社
『海からの贈りもの』アン・モロウ・リンドバーグ著／立風書房

廣瀬裕子
Yuko Hirose

ひとりで、そして、みんなで。

ひろせ・ゆうこ
1995年から作家活動にはいり、単行本を中心に執筆。著書に『Alohaを見つけに』（ブロンズ新社）、『おうちとおでかけ』（文藝春秋）など多数。環境チーム「kokua factory」代表。http://y-hirose.com/

「大切にしたいと思ったものは、大切にする」。そんなふうに暮らしていきたいと思っています。たとえば、家族やともだち、きれいな空や海、おいしいごはん……。大事にしたいものは、そういうものです。

　そのためにできるのは、自分の暮らしている所の環境をよくしていくこと。直接できることもあれば、間接的にできること、内容も規模もさまざまです。目指しているのは、日常的には個人でできることをコツコツつづける、すこし規模が大きいことは、みんなと協力しあって。そんなふうになっていけたらと思っています。

気づくこと

1冊の本が教えてくれたこと

環境のことに興味を持ったのは、1冊の本づくりに関わったことがはじまり。1990年に『子どもたちが地球を救う50の方法』という本の編集の手つだいをしました。

この本は「これから生きていくこどもたちが、地球のためにできること」について書かれたもので、本のなかには、できることと共に、いま起きていることがつづられていました。熱帯雨林破壊。ゴミ問題について。野生動物のおかれている状況……。わたしは、そのほとんどのことをよく知らないか、知っていても自分とは関係のない問題だと思っていました。でも、本を通してわかったのは、遠くで起きていると感じていたことは、実は自分たちの問題であり、わたしたちの生活が原因を作っているときもあるということ。そして、地球をとりまく環境は、ものすごいスピードでよくない方向へいっているということでした。

　何をどうしたらいいか、わからなくなってしまうほど大きな問題です。でも、そう言っていたら何

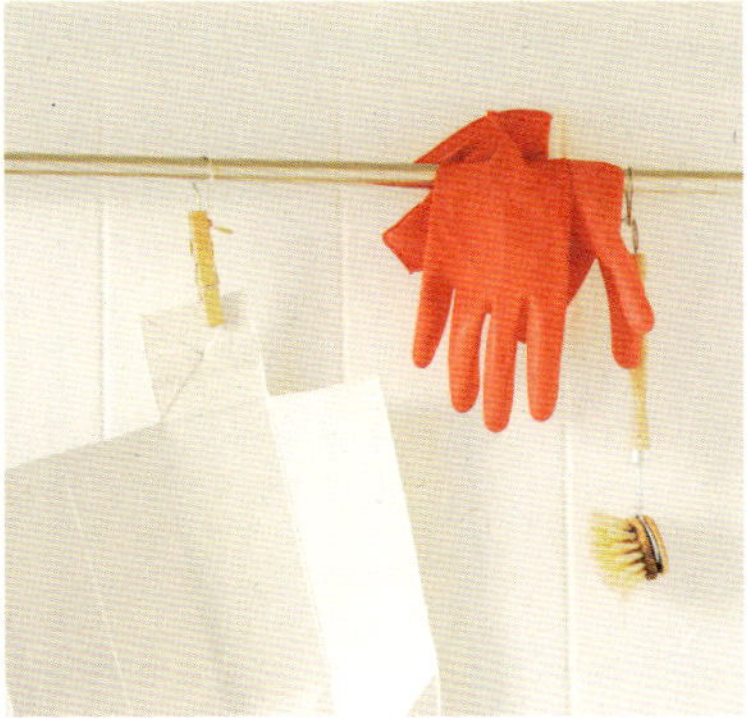

国産で長く使えるものを選んでいる。ハタキはリネンの端切れとバラの枝を使って友人が作ってくれた。102ページの本は『子どもたちが地球を救う50の方法』（ブロンズ新社、現在入手不可）。

もはじまりません。そうして、はじめたのが、身近な暮らしのなかで「できることをする」こと。まず、買い物のときレジで袋をもらわないようにと、出かけるとき、大きなカゴを持つことにしました。

やっていること

「今度は、これをしてみよう」試すのは、たのしい。

夏の消費電力をひかえる

電力消費が増加するのは夏。クーラーを使わずに涼しくすごせるよう工夫を。窓には日ざし対策にゴーヤの緑のカーテン、ベランダにはウッドデッキを敷いて、1日に何度も打ち水をする。

洗剤を選ぶ

洗剤は、なるべく使わないように。使うときは、食器洗い、洗濯用、トイレ用洗剤はエコベール、レンジの油汚れ落としには、家庭用炭酸ソーダを水に溶かしたものを。

ナチュラルコスメを選ぶ

コスメを選ぶ基準は、動物実験をしていない、できるだけ自然の成分でできていること。基礎化粧品には、オーガニックの原料を使っているニールズヤードの「カーム」、「レモングラスサンスプレー」を。使い終わった容器は店頭で回収してくれる。

ビールはビンで

リサイクルよりリユースのほうが、エネルギーがかからない。ビールはビンビールに切り替えた。ビンなら回収され、洗ったあと、再利用される。

玄米と野菜中心のごはん

体と気持ちのことを考え、玄米と野菜の献立に。食肉を得るためにかかる環境負荷のことも食事を変えてから知った。

買うものを選ぶ

食べ物やコスメだけでなく、身のまわりのものも環境にいいもの、付加価値のあるものに。マイボトルは WWF。ノートは、ユニセフが世界のこどもたちに配っているのと同じものを。

昔からある道具を使う

電気が普及していなかったころの道具は、使いやすく、環境にいい。自然素材でできているものを選ぶようにしている。

つづけること

環境貯金を殖やす暮らし

まいにち食べるごはんは、ずっと、圧力ナベで炊いています。ある日ふと思いました。「これは、環境にいいのでは……」

　圧力ナベで炊けば、ふっくらおいしくできあがる上、早く炊きあがるので余分なエネルギーがかかりません。そのあとの保温は、お櫃《ひつ》。電気を使わなくてすみます。さらに余分な水分をお櫃が吸ってくれるので、冷めても味が落ちません。また、使っている圧力ナベも、お櫃も、10年選手。使いつづけているので、ゴミにもなりません。まだまだ使えそう。食べている玄米は、無農薬有機栽培。農家の人の応援につながります。農薬を使わない分、環境も汚染されません。すきな道具が使えて、おいしくできて、エネルギーの節約になって、汚染もされない。いい循環のような気がします。

　こんなふうにいい循環になっていると感じたことを「環境貯金」ができたと考えるようにしています。余分なエネルギーを使わなかった分、浮いた電気代を環境貯金と思うこともあれば、車を使わずに歩いたときは、使わなかったガソリン代を環境貯金と考えることもあります。

　そして、その環境貯金は、環境にいいものを買うときの資金にします。環境にいいと言われている製品は、価格が高めなのがデメリット。でも、環境貯金をプラスすれば、買えるものがほとんど。日々のなかで環境貯金を殖やしていけば、つぎに手に取るものも、暮らし方も変わっていく気がします。

お櫃は東京の職人さんのもの。水洗いできれいに。

電気を消してロウソクを灯すことも。

すぐ、試す

「これ、いいよ」と友人や知人が教えてくれたり、本で読んだら、すぐ試すようにしています。やり方が自分に合えばつづけるし、ちがうと感じたら別のものをさがしてみる。すぐ試すのは「いつか、やろう」と思っていると、いつまで経ってもできないことが多いからです。

　いまのまま、何も変えずにすごしても、しばらくは問題ないように見えるかもしれません。だから「そのうち……」と思ってしまいがち。けれど、みんながそう考えていたら、状況はいい方向に向かいません。1度やってみれば「つぎは、こうしてみよう」という気持ちもわいてきます。

　新たにはじめたのは、窓辺に緑のカーテンを作ること。知人に聞いて「ゴーヤが1番、茂るらしい」とわかり、ゴーヤにしました。鉢植え代わりの容器は新たに買いましたが、あとは家にあった麻ひもや棒を使って作ることができました。いまは、朝、ゴーヤの成長を見るのが、たのしみになっています。ほかには、白熱電球をやめ、蛍光灯の電球色に、待機電力カットのスイッチつき延長コードを使うなど、「いい」と聞いたことはやるようにしています。

日当たりのいい窓にはゴーヤを植えて。

　なにかを選ぶ、決めるというときに基準にしているのが「これをつづけると、どうなるんだろう？」と想像すること。洗剤ひとつでも「これを使いつづけたら、どうなるかな？」と考えます。分解しやすいものを多くの人が使えば、海へ流れていく水はきれいになっていきます。その逆もあります。エネルギーを使いつづけていたら。農薬を使いつづけていたら。ゴミを出しつづけていたら。反対に、みんなが緑のカーテンを作ったら。もっと木が多くなったら。屋根にソーラーパネルをつける人が増えたら。そう考えると、選ぶものの基準が、自分なりに見えてきます。

春と秋に行われるパタゴニア渋谷店でのオーガニックマーケットに参加。フードを担当し、「地産地消」をテーマに、野菜のカレーや甘夏のスムージーを販売した。

つたえること

つたえること、広がること

春と秋、たのしみにしているのが、アウトドアメーカーのお店が開いているオーガニックマーケットの手つだいをすること。わたしも宅配してもらっている無農薬野菜を販売しているのですが、このお店での環境問題への取り組みをもっと広めたいという思いがあり、参加しています。あちこちでこんなオーガニックマーケットがはじまるのが理想。

さらに、オーガニックマーケットのその先にあることに興味を持ってもらえるかもしれない、という期待もあります。たとえば「どうしてオーガニックなの?」「どうして地元でとれたものなの?」と。それは、その先にあることにつながっていきます。

自分が使っているもの、やっていることで「いい」と思ったら、身近な人につたえることが大切です。みんなが試したり、知識を共有していくことが、これからは、必要だから。「そんな方法があるんだ」、そう思ってもらえれば、さらにその輪が広がっていきます。また「こんな問題がある」「こんなことが起きている」と、いまの状況を伝えることも大事です。最近、友人たちと環境チーム「kokua factory」を立ち上げました。コンセプトは「たのしい、おいしい、環境にいい」。身近なことや食べ物を通じて、環境問題に興味を持ってもらいたいとはじめたものです。ひとりではできることが限られているけれど、力が集まれば可能性も広がります。そう思い、まわりの人たちに声をかけました。「kokua factory」を通して、現実に起きていること、自分の思いをつたえていけたらと思っています。

まずは、自分から。つぎに、みんなで。いま、ようやくそこにたどり着いた気がします。

これからほしいもの

ソーラーパネル
コンポスト
畑

あとがき

会いたい方たちに会ってきました。
会って、話をしてみたいと思っていた人ばかりです。

「こんなことをしているかな」と想像していたこともあれば
「どんなことをしているんだろう?」という思いで、たずねた方もいました。
思いえがいていた通りのことを日々、やっている人。
考えていた以上に強い気持ちを持っている人。
それぞれの人が、いくつもの「できること」をしていました。

お話をうかがってわかったのは、
環境問題に興味を持った入口は、ちがうけれど、
最終的に考えていることは、つながっているということ。
入口は、食べ物、こども、ゴミ問題、エネルギー、仕事……と、それぞれですが、
何かに気づき、はじめ、つづけているうちに
その先にあるものが、ひとつのところに向かっているようでした。

大切なのは、一歩、ふみだすこと。
かんたんなことでも充分。
はじめることで、新しいことにつながることもあれば
その先にある、もうすこし大きな問題に気づけるようになったり

むき合えるようになるからです。

環境に関しては、現状維持できたら、上出来。
わたしは、そんなふうに感じています。
その現状維持できるかどうかが、いまのわたしたちにかかっています。
最近、よく聞くのが
「この10年が、これからのわたしたちの運命を決めてしまう」ということ。
自分のため、身近にいる大切な人のため
安心して暮らしていける環境のためにできることがあるはずです。

「気づくこと。はじめること。つづけること。つたえること」
この本をきっかけに、何かはじめてもらえたら、そんなにうれしいことはありません。
本のなかには「試してみようかな」と思えるものがいくつもあります。
そういうところから、みんなも、はじめています。
入口は、なんでも、いいのです。

きれいな海、空、大地、水。そこでとれるおいしいもの。
その恵みをいただきながら、大切な人たちと笑い合ってすごす時間。
そんなことが、当たり前のようにつづけられる
世界であってほしいと思います。

廣瀬裕子

撮影　　　　　　松園多聞　十亀雅仁（P100～109、112）
ブックデザイン　渡部浩美

できることからはじめています

2008年7月30日　第1刷

著　者　廣《ひろ》瀬《せ》裕《ゆう》子《こ》
発行者　木俣正剛
発行所　株式会社　文藝春秋
〒102-8008　東京都千代田区紀尾井町3-23
電話（03）3265-1211（代）
印刷所　光邦
製本所　大口製本

ISBN978-4-16-370360-2